U0240879

张立波　武延军　赵琛　著

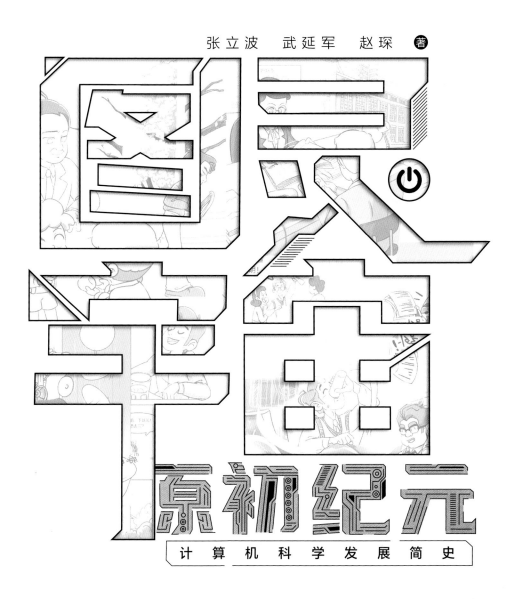

计算机科学发展简史

电子工业出版社
Publishing House of Electronics Industry
北京·BEIJING

内 容 简 介

这是一本以计算机领域重要奖项——图灵奖为切入点，系统展现计算机科学发展的科普漫画。本书深度挖掘了图灵奖获得者的生平事迹、奋斗经历和科研成果，生动有趣地介绍了计算机技术的发展进程及相关知识，娓娓讲述了图灵奖获得者们的动人故事。

从这些计算机领域扛鼎之士的经历中，读者将重新认识"计算机科学与人工智能之父"艾伦·图灵、"博弈论之父"约翰·冯·诺依曼、"信息论之父"克劳德·香农等诸多执牛耳者。

书中囊括了科学知识、科研故事、科技成果等元素，勾勒出以图灵奖获得者为代表的计算机科学家群像，为读者提供了多样的阅读选择和层次丰富的知识体验。这是一本讲述计算机领域科学家故事的科普读物，更是讲述计算机发展历程的科学简史。

图书在版编目（CIP）数据

图灵宇宙：原初纪元：计算机科学发展简史 / 张立波，武延军，赵琛著. — 北京：电子工业出版社，2022.9

ISBN 978-7-121-44293-3

Ⅰ. ①图… Ⅱ. ①张… ②武… ③赵… Ⅲ. ①计算机科学－技术史－普及读物

Ⅳ. ①TP3-09

中国版本图书馆CIP数据核字(2022)第169174号

责任编辑：李秀梅　　董 英
印　　刷：天津图文方嘉印刷有限公司
装　　订：天津图文方嘉印刷有限公司
出版发行：电子工业出版社
　　　　　北京市海淀区万寿路 173 信箱　　邮箱：100036
开　　本：720×1000　　1/16　　印张：18.25　　字数：212.1千字
版　　次：2022 年 9 月第 1 版
印　　次：2022 年 9 月第 1 次印刷
定　　价：108.00 元

凡所购买电子工业出版社图书有缺损问题，请向购买书店调换。若书店售缺，请与本社发行部联系，联系及邮购电话：(010) 88254888，88258888。

质量投诉请发邮件至 zlts@phei.com.cn，盗版侵权举报请发邮件至 dbqq@phei.com.cn。

本书咨询联系方式：(010) 51260888-819　faq@phei.com.cn。

序

历史上第一位图灵奖获得者是谁？

我们做过调研，这个看似简单的问题，大部分计算机专业的同学和老师却难以回答。这是一个发人深省的现象，作为计算机领域的从业者，能够脱口而出如今各类流行技术名词，但对计算机发展的起源和历史却知之甚少。

图灵奖作为计算机领域的"皇冠"，自 1966 年诞生至今，已经历了半个多世纪。一只只图灵碗背后是计算机先驱智慧的结晶，为无数年轻科研工作者照亮了梦想与方向。

远眺旭日，晨曦喷薄，引先人竹杖芒鞋逐日而行。

仰望夜空，皓月千里，诱吾辈乘风踏云揽月而去。

图灵奖的历史，就是计算机发展历史的缩影，阅读和了解这段过往，会在我们心头埋下一粒计算机科研梦的"种子"。宇宙浩渺，星河璀璨。星辰悬于苍穹，又在水面倒映成万家灯火，由此成为更多人的指引明灯；科学巨匠高居"神坛"，在漫画的演绎下变得生动鲜活，从而催动更多"种子"萌发。当逐日者遗赠桃林，荫蔽追求光明的后辈，当揽月人播撒华光，照亮夜行的道路，我们窥见"薪火相传"的冰山一角。而计算机科学的发展进程，同样离不开一代代科研人员的接续推进。

铭记名字不是目的，看见故事不是终点。最重要的是，让更多年轻人对计算机产生兴趣，让感兴趣的年轻人将计算机科研视为一生的事业，也让计算机科学家的科研精神感染下一代计算机学者。

深入探索《图灵宇宙》，你将发现其中蕴藏的绚丽瑰宝。

既是时代需求，更是历史责任

如今，人工智能、区块链、元宇宙等新一代信息技术已融入人们的日常生活，但面向大众的专业科普却屈指可数，作为计算机科研工作者，我们深感任重而道远。

回顾往昔，从 1946 年第一台通用计算机 ENIAC 诞生开始，计算机科学技术以惊人的态势飞速发展。在这个过程中，图灵奖宛如熠熠生辉的里程碑，串联了计算机科技发展的历史脉络。获奖者的研究横跨编译原理、程序设计语言、计算复杂性理论、操作系统、密码学、数据库等多个领域。

而《图灵宇宙》诞生的原因，是想带大家回到计算机发展的起点，让每一位读者在学习历史的潜移默化间理解计算机知识，获得新的思考和感悟。

深度挖掘史料，还原真实场景

在筹备时，我们进行了一年多的资料收集和整理。在此期间，我们发现图灵奖相关中文参考资料大多来自对外文资料的简单翻译，存在大量专业名词的翻译错误和事实性错误。考虑到网络信息错误率高、书刊信息零散混杂，我们查阅的资料大部分来源于官网、获奖者任职机构、回忆录、重要论文和演讲视频等渠道，为信息的准确性提供了保障。

在创作过程中，从情节架构到画面呈现，诸如场景设计、人物衣着、举止动作等，我们均仔细参考了历史影像资料，尽量还原了故事所处年代的特点，力求真实准确。

另外，具有近十年创作经验的资深插画师，在查阅并理解相关资料的基础上，对每一篇故事做大量的阅读笔记，与作者深入探讨人物性格、场景氛围、剧情高潮、故事节奏，努力还原出图灵奖背后的动人故事。

既有科普故事，也有硬核知识

与传统漫画不同，《图灵宇宙》不但在故事中巧妙融入了趣味科普内容，还增加了计算机科学的"硬知识"。当科研故事褪去说教，理论成果不再晦涩，不仅会扩大读者群体，也会为阅读提供更多的可能性与更丰富的层次。

偏好轻阅读者可主要欣赏漫画故事，跌宕起伏的剧情和精美的画面将为其带来愉快的阅读体验；想深入了解计算机科研成果的"科学迷"朋友，千万不要错过"高柯机小课堂"，萌宠"高柯机"很擅长将专业理论变得有趣易懂；希望获得更多计算机知识的"硬核读者"，则一定要重点关注"知识拓展"板块。

从科普中来，到科研中去

每一位图灵奖获得者，每一段科研事迹，每一份耀眼成果，都将正向的信念源源不断地传递给读者：有人从中获得快乐和知识，有人感悟到追寻真理的信仰，有人因此确定毕生奋斗的方向，也有人毅然接过科研创新的赛棒。

而《图灵宇宙》的价值其实并不局限于计算机科学乃至整个科学领域，它更让我们在日常生活中能够科学、理性地看待各种问题，在面对世界时始终保持一颗求实之心。众人拾柴才能形成强大合力，为中华民族伟大复兴做出更大贡献。这也恰是这套科普漫画的真正价值所在。

祝愿每一位读者，都能在《图灵宇宙》里找到属于自己的光！

如果计算机科学是一片浩瀚大海

那么图形学就是一叶不歇的扁舟

我希望，这本书能够化作一挂风帆

　　载你，探索神奇世界

　　带你，见证历史发展

　　　　　　　　　　　—— 张远海

目录
CONTENTS

001

图灵奖起源 P001

计算机界的诺贝尔奖

📖 知识拓展：国际计算机奖项 P018

📖 知识拓展：国内计算机奖项 P020

002

1966年

艾伦·佩利 P023

首位图灵奖获得者，使计算机科学成为一门独立学科

🐰 高柯机小课堂：计算机通用语言有多重要 P070

📖 知识拓展：编程语言发展历史 P074

003

1967年

莫里斯·威尔克斯 P079

存储程序式计算机设计者，发明了第一台采用冯·诺依曼架构的计算机

🐰 高柯机小课堂：威尔克斯制造的计算机解决了哪些问题 P116

📖 知识拓展：早期计算机的发展历史 P122

004

1968年

理查德·汉明 P125

纠错码发明者，提出了汉明码、汉明距离和汉明重量

🐰 高柯机小课堂：什么是汉明码 P145

📖 知识拓展：贝尔实验室的成就 P162

005

1969年

马文·明斯基　　　　P165

框架理论创立者，开发出最早能够模拟人活动的机器人

🐰 高柯机小课堂：开启人工智能的三本著作是什么　　P194

📖 知识拓展：马文·明斯基的触手机械臂　　P200

006

1970年

詹姆斯·威尔金森　　　P203

向后误差分析的创造者，制造出当时运行最快的计算机——ACE

🐰 高柯机小课堂：计算机也会产生误差吗　　P234

📖 知识拓展：图灵和他的"巨型大脑"——ACE计算机　　P240

007

1971年

约翰·麦卡锡　　　　P243

LISP之父，"人工智能"概念的首位提出者

🐰 高柯机小课堂：人工智能"母语"LISP有多优秀　　P275

📖 知识拓展：达特茅斯会议　　P278

008

附录A　　　　　　　　P281

🐰 人物关系图　　P282

001
图灵奖起源
Origin of the A.M. Turing Award

尽管目光所及之处，只是不远的前方，但我们可以看到，那里有许多值得去完成的工作。

—— 艾伦·图灵

图灵奖是美国计算机协会（ACM）最负盛名的科技奖项，
被誉为"计算机界的诺贝尔奖"，
旨在表彰对计算机领域产生深远影响的重大贡献。

图灵奖
(Turing Award)

诞生时间：1966年

设立机构：美国计算机协会（ACM）

1966年

奖金仅有 1 千美元。
在 1969 年时，
奖金已经达到 2 千美元。

1993年

奖金达到
2.5 万美元。

2007年

奖金金额翻了 10 倍，
增至 25 万美元。

2014年

奖金再次增加，
高达 100 万美元。

这是图灵奖。

图灵奖
"计算机界的
诺贝尔奖"

而我，
就是图灵。

图灵奖被誉为计算机
领域的最高奖项。

心花怒放

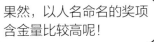

果然，以人名命名的奖项
含金量比较高呢！

我同意！

诺贝尔

6
6
6

我们的故事要从
3 个以 6 结尾的
年份说起……

1936年

没有任何算法可以解决所有问题……

所以，这个问题*
我的答案是"否"。

唔，这里不对……

沙沙沙沙

6.通用计算机
发明一台可以计算任何
可计算序列的机器是
能的。如果为机器

啪

*"这个问题"指的是德国数学家戴维·希尔伯特提出的著名数学问题。

又是试图解答希尔伯特的数学难题的……

这个方面的论文，基本都会有纰漏。

这篇好像思路很不错。

你们快来看看这篇论文！

"计算机"是怎样的机器、如何计算和工作……

之前没有人清楚地说明过这些问题呢。

有了这些理论和模型，制造出用于通用目的的计算机指日可待！

1946年，世界上第一台通用计算机ENIAC诞生。

你对 ENIAC 有什么看法？

我通过它看到了计算机对人类发展的巨大意义。

它也让我迫切地想做些什么，促进计算机行业更好地发展。

我有一个想法，不知当讲不当……

请讲！

我们成立一个计算机协会吧！

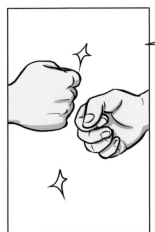

*ACM 最初的名称为 EACM（Eastern Association for Computing Machinery），
于1948年改名为 ACM（Association for Computing Machinery）。

1966 年

祝你生日快乐，
祝你生日快乐……

时间过得真快。一转眼，ENIAC 都诞生 20 周年了！

是啊，咱们 ACM 也已成为计算机界最有影响力的国际组织之一。

所以，是时候设立一个奖项，奖励计算机领域的杰出贡献者了！

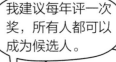

就以计算机科学之父、人工智能之父图灵命名，如何？

我建议每年评一次奖，所有人都可以成为候选人。

推荐人需要提供推荐信，说明推荐理由。

哈哈！跟我的想法不谋而合！

我们可以成立评选委员会，对他们进行严格的评审！

就这么定了！赶紧宣传出去，让大家踊跃写信推荐！

这、这么多！！

快开门，我快抱不住了！

哈哈！看来寄推荐信的专家很多嘛！

快过来！咱们边拆信边讨论！

这个如何？　不行，影响力不足。

这个呢？

唔……好像不够创新。

这个总行了吧？

感觉还是差点意思……

咦？好像少了个人……

大家觉得这名候选人怎么样？

这人超级厉害！

我举双手赞成！

嗯，他的确是最佳人选。

那就选他了！没问题吧？

没！

我有问题……

我们怎么奖励获奖者呢？

最初图灵奖的奖金
由贝尔实验室提供

爸爸，这个碗亮闪闪的，比我的碗好看！

这可不是普通的碗，它是图灵奖奖杯。

可是，奖杯不都是那样的吗？

想一想，碗（Bowl）这个单词还有什么意思呢？

嗯……还有"竞赛"的意思……

哦，我明白了！把奖杯做成碗的样子，是鼓励大家竞赛！

时间来到现在……

嘿！你说，获得图灵奖的大牛们都在研究些什么呀？

那可多了，编译原理、程序设计语言、计算复杂性理论等各种领域难题。

听起来就觉得很复杂。

有没有跟咱们日常生活密切相关的？

当然有啦！

比如，人工智能、密码学，还有数据库。

你背着我偷偷补习了吧？不然怎么了解得这么清楚！

没，我是看了这本书……

快借我看看！

哈哈哈！好好好，给你！

哇！这个游戏真有意思！

这可离不开伊凡·苏泽兰的研究成果哦！

伊凡·苏泽兰
Ivan Sutherland
1988年图灵奖获得者
计算机图形学之父

我们有 3D 电影看，要感谢艾德文·卡特姆和帕特里克·汉拉恩。

艾德文·卡特姆　帕特里克·汉拉恩
Edwin Catmull　Patrick Hanrahan
2019年图灵奖获得者
3D计算机图形学的开拓者

无人驾驶汽车不会也跟图灵奖获得者的成果有关吧？

恭喜你，学会抢答了！

那是谁的研究成果呢？

认真看书，书里都有……

设奖/首次颁奖年份	发起机构	奖项的中英文名
1964	IEEE	Harry H.Goode Memorial Award（哈里·古德纪念奖）
1965	IEEE	W. Wallace McDowell Award（华莱士·麦克道尔奖）
1966	ACM	A.M.Turing Award（图灵奖）
1971	ACM	Grace Murray Hopper Award（格蕾丝·穆雷·霍波奖）
1972	IEEE	Claude E.Shannon Award（克劳德·香农奖）
1978	ACM	Doctoral Dissertation Award（博士学位论文奖）
1979	ACM & IEEE	Eckert–Mauchly Award（埃克特–莫奇利奖）
1983	ACM	Software System Award（软件系统奖）
1986	IEEE	Richard W.Hamming Medal（理查德·汉明奖）
1987	ACM	Gordon Bell Prize（戈登·贝尔奖）
1990	IEEE	John von Neumann Medal（约翰·冯·诺依曼奖）
1992	IEEE	Sidney Fernbach Award（西德尼·费恩巴赫奖）
1993	EATCS & ACM	Gödel Prize（哥德尔奖）
1996	ACM & IEEE	Donald E. Knuth Prize（高德纳奖）
1996	ACM	Paris Kanellakis Theory and Practice Award（帕里斯·肯尼莱克斯理论与实践奖）
1997	IEEE	Seymour Cray Computer Engineering Award（西摩·克雷计算机工程奖）
1998	ACM	Maurice Wilkes Award（莫里斯·威尔克斯奖）
1999	ACM	Eugene L.Lawler Award（尤金·劳勒奖）
1999	IEEE	Harlan D.Mills Award（哈兰·米尔斯奖）
2000	ACM & EATCS	Edsger W. Dijkstra Prize in Distributed Computing（艾兹格·迪科斯彻分布式计算奖）
2001	ACM	Mark Weiser Award（马克·维瑟奖）
2007	ACM	Prize in Computing（计算奖）
2008	ACM	Alan D.Berenbaum Distinguished Service Award（艾伦·贝伦鲍姆杰出服务奖）
2009	ACM & IEEE	Ken Kennedy Award（肯·肯尼迪奖）
2010	ACM	Programming Languages Software Award（程序设计语言软件奖）

奖励目的/评奖标准	奖金（美元）
表彰在信息处理领域获得的成就	2 000
表彰计算机领域的杰出理论，以及设计、教育、实践或其他类似的创新贡献	2 000
表彰对计算机领域具有持久影响的重大贡献	1 000 000
奖励做出一项重大技术或服务贡献的年轻计算机专业人员（候选人在做出符合资格的贡献时年龄不大于35岁）	35 000
表彰信息理论领域中持久而深远的贡献	10 000
奖励做出计算机科学和工程领域最佳博士论文的作者	20 000
表彰对计算机和数字系统架构的杰出贡献	5 000
奖励开发了具有持久影响力的软件系统的机构或个人	35 000
奖励在信息科学、信息系统和信息技术方面有杰出成就的个人或团队	10 000
表彰在高性能计算领域取得的杰出成就，尤其是将高性能计算应用于科学、工程和大规模数据分析上的创新	10 000
奖励在计算机科学或技术方面的杰出成就	约翰·冯·诺依曼奖章
奖励在运用创新方法推动高性能计算机的应用过程中做出的杰出贡献	2 000
表彰理论计算机科学领域的杰出学术论文	5 000
奖励对计算机科学基础的奠定有杰出贡献的人	10 000
表彰对计算机的实际操作有重大且明显影响的具体理论成就	10 000
表彰在高性能计算系统方面的创新贡献	10 000
表彰对计算机体系结构做出杰出贡献的个人，要求获奖者计算机相关的职业生涯不早于获奖年份前20年	2 500
表彰通过使用计算技术做出重大贡献的个人或团体	5 000
表彰通过开发和应用合理的理论，对软件工程的实践和研究做出杰出贡献的人员	3 000
奖励关于分布式计算原理的优秀论文	2 000
奖励在操作系统研究中表现出杰出创造力和创新精神的个人	1 000
奖励在职业生涯的早期至中期，在计算机领域做出重大创新贡献的个人	250 000
奖励为计算机架构社区做出重要贡献的个人	1 000
表彰对计算的可编程性和生产力及对社区服务或指导做出的重大贡献	5 000
奖励开发出对编程语言产生重大影响的软件系统的机构或个人	2 500

设奖年份	发起人/机构	奖项名称
2005	中国计算机学会（CCF）	杰出成就奖（王选）
2005	中国计算机学会（CCF）	杰出成就奖（海外杰出贡献）
2005	中国计算机学会（CCF）	CCF科技成果奖
2006	中国计算机学会（CCF）	CCF青年科学奖（优秀博士学位论文）
2010	中国计算机学会（CCF）	CCF终身成就奖
2012	中国计算机学会（CCF）	CCF杰出教育奖
2013	中国计算机学会（CCF）	杰出成就奖（计算机企业家）
2014	中国计算机学会（CCF）	杰出成就奖（夏培肃）
2016	中国计算机学会（CCF）	杰出成就奖（杰出工程师）
2018	中国人工智能学会（CAAI）	吴文俊人工智能科学技术奖
2018	中国计算机学会（CCF）	CCF青年科学奖（CCF-IEEE CS）
2020	中国计算机学会（CCF）	CCF青年科学奖（CCF-ACM）

奖励目的/评奖标准	目前的奖金/奖品
授予在计算机领域取得重大理论、技术突破或获得重大科研成果的个人	获奖者可获得奖励证书、奖杯及奖金。获奖者到颁奖地领奖所需旅费由CCF提供
授予通过科学研究、学术交流、人才培养和国际合作，为推动中国的计算机事业做出了杰出贡献的港澳台以及海外的计算机专业人士	获奖者可获得奖励证书、奖杯及奖金。获奖者到颁奖地领奖所需旅费由CCF提供
授予在计算机科学、技术或工程领域具有重要发现、发明、原始创新，在相关领域有一定国际影响的优秀成果	获奖者可获得奖励证书、奖杯及奖金。获奖者到颁奖地领奖所需旅费由CCF提供
授予在计算机科学与技术及其相关领域的基础理论或应用基础研究方面有重要突破，或在关键技术和应用技术方面有重要创新的中国计算机领域博士学位论文的作者	获奖者可获得奖励证书、奖杯及奖金。获奖者到颁奖地领奖所需旅费由CCF提供
授予在计算机科学、技术和工程领域取得重大突破，成就卓越、贡献巨大的中国资深计算机科技工作者（要求获奖者从事专业工作40年以上且年龄70岁以上）	获奖者可获得奖励证书、奖杯及奖金。获奖者到颁奖地领奖所需旅费由CCF提供
授予在计算机教育（不限于专业教育，包括计算机基础教育）的教育思想、教学方法、教学和课程改革以及人才方面有突出贡献，或在CCF推动中国计算机教育改革与发展方面有重要贡献的人士	获奖者可获得奖励证书、奖杯及奖金。获奖者到颁奖地领奖所需旅费由CCF提供
授予在计算机和信息产业发展方面做出重大贡献的企业领导者，且企业的业绩被业内和社会广泛认可	获奖者可获得奖励证书、奖杯及奖金。获奖者到颁奖地领奖所需旅费由CCF提供
授予在计算机科学技术领域，为推动中国的计算机事业做出杰出贡献、取得突出成就的资深女性科技工作者	获奖者可获得奖励证书、奖杯及奖金。获奖者到颁奖地领奖所需旅费由CCF提供
授予在计算机工程技术及应用领域有突出成就和重要贡献者	获奖者可获得奖励证书、奖杯及奖金。获奖者到颁奖地领奖所需旅费由CCF提供
授予在智能科学技术活动中做出突出贡献的单位和个人	该奖项每年颁发一次，获奖者可获得100万人民币的奖金
授予年龄不超过40岁，在科学研究、技术发明、系统开发及应用推广等方面有突出成就和重要贡献的青年学者	获奖者可获得奖励证书、奖杯及奖金。获奖者到颁奖地领奖所需旅费由CCF提供
授予在人工智能理论、技术或应用方面做出杰出贡献，且获奖时在中国工作的专业人士	获奖者可获得奖励证书、奖杯及奖金。获奖者到颁奖地领奖所需旅费由CCF提供

图灵骑自行车时发现每转 12 圈，链条就会往下滑。于是，他一边骑车一边数圈数，到第 12 圈就立刻刹车停下来。后来，他还专门做了一个计数器，以方便计算圈数。

002
艾伦·佩利
Alan Perlis

任何名词都可以变为动词。

—— 艾伦·佩利

艾伦·佩利

(Alan Perlis)

生　日：
1922年4月1日

出生地：
美国　匹兹堡

1942年

获得卡内基理工学院
（现卡内基梅隆大学）
化学学士学位。

1948—1949年夏

参与"旋风计划"，
为尚未完成的旋风计算机
编写基本程序。

1949年
获得麻省理工学院
数学硕士学位。

1950年
获得麻省理工学院
数学博士学位。

孩子，你相信命运吗？

命运？

每个人的路在出生时就已经注定了。

而你要做的，就是找到它。

抱歉，教授，我不太明白。

我小时候语文很差，作文总也写不好，

从此，我便一心扑在了
计算机的开发上。

就这样又过了近10年……

1957年 匹兹堡
卡内基理工学院

这里的原理
是……

佩利回到了母校任教。

佩利教授。

IBM
650

IBM
650

主席先生，
您怎么来了？

有件事想跟你
商量一下。

约翰·卡尔三世
John Carr III
1956 — 1958 年 担 任 ACM 主 席

我也是。

喂喂！

哎呀！

你小子怎么就自己握上了。

佩利教授，我是巴克斯，很高兴能与您一起共事。

大家……

我们也是！

佩利教授，我们会全力帮助您的！

从那以后，大家开始
疯狂地工作。

咕嘟！

啊！

下雪了……

咄！

佩利，发什么呆呢！

嘻嘻

皱眉

这次的合作，让佩利遇到了人生中重要的朋友——威廉·图兰斯基。

咕噜噜

原来还有蓝色的紫罗兰。

说真的，

有时候我觉得压力好大，

要是能像花一样无忧无虑就好了。

你肩上的责任确实很重。要不我们一起去旅行？

你刚从欧洲回来，应该有假期的吧？

佩利教授！

花也不总是
无忧无虑的……

后来我才知道，

蓝色紫罗兰还
有一个花语——

是薄命。

终于可以回家睡觉了……

教授！等一等！

怎么了？

图灵奖的结果出来了，

您是第一任获奖者！

教授？

您怎么没有反应？

这可是计算机界的诺贝尔奖啊！

我好想念我的床……

得知消息的那个夜晚，我人生中第一次如此确切地明白，

我的路到底在哪儿——

因此，

所有的选择都不存在对错。

想转计算机专业就大胆尝试吧，

不要患得患失。

记住！

一切名词都可以变成动词！

一切名词都可以变成动词……

计算机通用语言有多重要

我们家的机器好！

那是你还没见到我们家的。

1958年，计算机市场被少数几家公司所占有，它们各自为政。

当时的计算机软件是作为计算机硬件设备的附属品赠送的。

For Sale

配套软件

IBM ×××

不同公司有着不同的编程语言，

甚至同一个公司的不同机型都有不同的编程语言。

啪嗒啪嗒

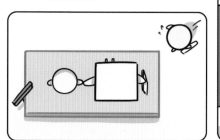

……

同样的程序逻辑在不同的机器上都需要重新编写，既产生了大量的重复工作，也不利于软件的传播和软件行业的发展。

而恰恰就是在同一时期——

1955年，国家开始在全国范围内推广普通话作为官方语言；

说好普通话 利国利民利大家

中华人民共和国
国家通用语言文字法

2000年，颁布《中华人民共和国国家通用语言文字法》，确立了普通话和规范汉字作为国家通用语言文字的法定地位。

能想象如果没有统一普通话，我们的生活将多么不便利。

哈哈，这点我早就想到了！

秦始皇

这里有一个空纸箱，收拾一下，你的翻译工作被ALGOL取代了。

而作为计算机界的"普通话"，

通用编程语言的出现势不可当。

大家注意，ALGOL将成为统一的编程语言。

第一种计算机界的"普通话"——ALGOL就在艾伦·佩利的主导下诞生了。

本期文案：孙熙然

知识拓展
编程语言发展历史

1843年

Ada Lovelace
爱达·洛芙莱斯

（被认为是世界上第一位程序员）

发表了对差分机注释的论文，提出重复指令的概念，这就是时至今日仍在使用的"迭代"。

1949年

David Wheeler
大卫·惠勒

伴随EDSAC的诞生，子程序及子程序跳转被发明出来。

1952年 — Autocode

Alick Glennie
阿利克·格伦尼

一些人认为这是第一种编译式计算机编程语言。

1957年 — FORTRAN

John Backus
约翰·巴科斯

FORTRAN是一种通用的编译命令式编程语言，特别适用于数值计算和科学计算。

1958年 — IAL（ALGOL 58）

Alan Perlis
艾伦·佩利
John Backus等人
约翰·巴科斯

ALGOL 58被创建为一种算法语言，也是Java和C等编程语言的前身。

1958年 — LISP

John McCarthy
约翰·麦卡锡

这种编程语言是为人工智能研究设计的，今天，它可以与Python和Ruby一起使用。

1959年 — COBOL

Grace Hopper
格蕾丝·霍波

COBOL是一种可以在所有类型的计算机上运行的语言。

1960年   ALGOL 60

👤 **Peter Naur**
彼得·诺尔

👤 **Alan Perlis**
艾伦·佩利

👤 **John Backus**
约翰·巴科斯

👤 **John McCarthy等人**
约翰·麦卡锡

💻 ALGOL 60虽然没有被广泛地商用，但是其对后来的语言发展产生了深远的影响。

1964年   BASIC

👤 **John Kemeny**
约翰·凯梅尼

👤 **Thomas Kurtz**
托马斯·库尔茨

💻 BASIC为没有强大技术和数学背景的学生开发，使他们能够继续使用计算机。

1970年   Pascal

👤 **Niklaus Wirth**
尼克劳斯·沃斯

💻 这种语言以十七世纪法国著名数学家布莱斯·帕斯卡（Blaise Pascal）的名字命名。它易于学习，是苹果电脑早期软件开发的主要语言。

1972年   Smalltalk

👤 **Alan Kay**
艾伦·凯

👤 **Adele Goldberg**
阿黛尔·戈德伯格

👤 **Dan Ingalls**
丹·英格尔斯

👤 **Ted Kaehler等人**
泰德·凯勒

💻 Smalltalk使计算机程序员能够快速更改代码。

1972年   C

👤 **Dennis Ritchie**
丹尼斯·里奇

💻 C语言是一种高级编程语言。被认为更接近人类语言，而不像机器代码。

1972年   SQL

👤 **Donald Chamberlin**
唐纳德·钱博林

👤 **Raymond Boyce**
雷蒙德·博伊斯

💻 此语言用于查看和更改存储在数据库中的数据，是目前最流行的关系型数据库操作语言。

1978年   MATLAB

👤 **Cleve Moler**
克莱夫·莫勒

💻 MATLAB用于编写数学程序，目前仍广泛应用于教育和研究领域。

Python

Perl

1983年 ── Objective-C

👤 Brad Cox
布莱德·考克斯

👤 Tom Love
汤姆·洛夫

🖥 作为苹果电脑的主要开发语言沿用至今。

1983年 ── C++

👤 Bjarne Stroustrup
本贾尼·斯特劳斯特卢普

🖥 这是C编程语言的扩展，是世界上常用的语言之一。

1988年 ── Perl

👤 Larry Wall
拉里·沃尔

🖥 一种脚本语言，最初被设计用于简化报告处理。

1990年 ── Haskell

👤 Lennart Augustsson
伦纳特·奥古斯特森

🖥 一种函数式计算机编程语言，专为教学、研究和工业应用而设计，开创了许多编程语言功能。

1990年 ── R

👤 Ross Ihaka
罗斯·伊哈卡

👤 Robert Gentleman
罗伯特·杰德曼

🖥 为需要进行数据分析的统计学家开发。

1991年 ── Visual Basic

👤 Microsoft
微软公司

🖥 提供图形操作界面，易学易用。程序员通过少量代码即可完成简单程序的开发。

1991年 ── Python

👤 Guido Van Rossum
吉多·范罗苏姆

🖥 一种易于阅读的简化计算机语言。

1993年 ── Ruby

👤 Yukihiro Matsumoto
松本行弘

🖥 被广泛用于Web应用。

PHP

1995年   PHP

👤 **Rasmus Lerdorf**
拉斯姆斯·勒多夫

🖥 主要用于Web开发，时至今日，仍被广泛使用。

1995年   Java

👤 **Sun Microsystems**
太阳计算机系统公司（已被甲骨文公司收购）

🖥 是目前非常流行的编程语言之一。

1995年   JavaScript

👤 **Brendan Eich**
布兰登·艾奇

🖥 是目前常用的Web开发语言之一，用来增强Web浏览器的交互。与Java虽然名字相近，但是没有任何关系。

2000年   C#

👤 **Microsoft**
微软公司

🖥 作为C++和Visual Basic的结合，C#在某些方面与Java相似。

2003年   Scala

👤 **Martin Odersky**
马丁·奥德斯基

🖥 是一种将面向对象与函数式编程结合在一起的高级编程语言。

2003年   Groovy

👤 **James Strachan**
詹姆斯·斯特拉坎
👤 **Bob McWhirter**
鲍勃·麦克沃特

🖥 是Java语言的一个分支。

2009年   Go

👤 **Google**
谷歌公司

🖥 用于解决大型软件系统中的常见问题。

2014年   Swift

👤 **Apple**
苹果公司

🖥 是苹果公司操作系统和软件的主要开发语言。

麦克选的
天文望远镜

003
莫里斯·威尔克斯
Maurice Wilkes

我意识到从那时起，我生命中的大部分时间都将
花在寻找自己程序中的错误上。

—— 莫里斯·威尔克斯

莫里斯·威尔克斯
(Maurice Wilkes)

生　日：　1913年6月26日
出生地：　英国　达德利

从小热爱无线电技术，并获得了无线电爱好者执照。

1937年

成为剑桥大学计算实验室助理主任。

1937年

获得剑桥大学物理学博士学位。

1939—1945年

二战期间，加入军方电信研究机构，从事雷达和运筹学研究。

赫尔曼·戈德斯汀
Herman Goldstine
ENIAC 的建造者之一

来自
冯·诺依曼
先生的信

约翰·冯·诺依曼
John von Neumann
计算机科学奠基人之一

亲爱的戈德斯汀：

火车轰鸣，思绪如飞。你我皆知，在目前的通用计算机上更改程序困难重重。而在这段旅程中，我对下一代计算机有了一些新构想，也许能解决这个问题。

因时间仓促，观点尚且粗浅，期待与你共同探讨。

莱斯利·科姆里
Leslie Comrie
机械计算机机先驱

咔嗒

是你啊！什么时候从美国回来的？

这个不重要，看我给你带了什么好东西。

喏。

伙伴们!

我看了冯·诺依曼先生的报告,

我敢说,

他所描绘的计算机架构就是未来计算机应该有的样子!

我提议我们按照冯·诺依曼先生的构想,

造一台我们自己的计算机!

可是咱们已经没有更多经费了呀!

是啊,虽然我们知道理论了,但完全不知道要如何做出来。

而且,我听说,

有权威专家认为冯·诺依曼先生的理论根本就是错的。

博士，还在等电话啊？

今天估计也不会有消息了。

走，跟我们一起出去吃饭吧！

走吧。

丁 零 零

喂？

Loading…

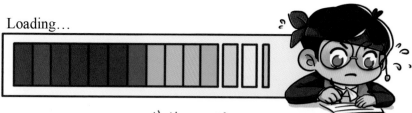

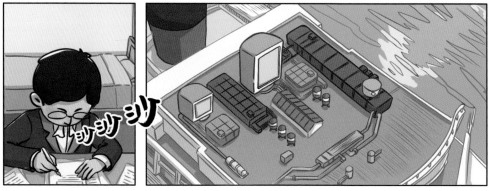

威尔克斯在邮轮上完成了EDSAC的手稿。

水银蒸汽有剧毒，水银管是解决EDSAC存储问题的核心组件。

哟，这么热闹。

我们做成了！

咱们院能拆的设备都被你拆来用了，要是再做不好，估计要把咱们院给拆了！

嘻嘻！

对了！你们搞的这个机器叫什么来着？

EDSAC
全名叫 电子延迟存储自动计算机。

桑德斯，正好你来了，有个事想跟你商量一下。

走，请你喝下午茶，边喝边聊。

Lyons面包店投资了威尔克斯的项目，不光解决了自己库存和分配的问题，还做起了计算机的生产和销售。

威尔克斯制造的计算机解决了哪些问题

KOKI NEWS

在冯·诺依曼撰写的《EDVAC报告书的第一份草案》*被发表后，全世界掀起了新一代计算机的研究热潮。

HOT!

EDSAC是世界上第一台真正投入使用的存储程序式计算机，它终于解决了ENIAC不能灵活更改程序的痛点。

嗨，大家好！我，世界上第一台真正投入使用的存储程序式计算机，就这样诞生啦！我可比我的前辈更聪明哟！

EDSAC

*First Draft of a Report on the EDVAC，后文称作《EDVAC报告书的第一份草案》。

116

水银延迟线存储器——
最早的计算机内存，通过装有水银的管子延迟传递脉冲，达到临时储存数据的效果。

打孔纸带——
一种早期的数据存储形式，通过纸带上的有孔和无孔来表示1和0。

指令集——
内存中预设好的子程序集合。

早期的计算机

前辈！

缓缓转头

下面登记一下大家是来算什么的。

我们算一些化学难题。

马克斯·佩鲁茨
Max Perutz

约翰·肯德鲁
John Kendrew

共同获得1962年诺贝尔化学奖

计算实验室

我来算一些医学难题。

我想算一下天文望远镜的参数。

我是来算算运势的。

安德鲁·赫胥黎
Andrew Huxley
1963 年诺贝尔生理学或医学奖获得者之一

马丁·赖尔
Martin Ryle
1974 年诺贝尔物理学奖获得者之一

EDSAC对科技发展产生了深远的影响，先后有三位诺贝尔奖获得者在演讲中提到了EDSAC对科研的重要贡献。

不可以算命吗？

CLEAR

121

知识拓展
早期计算机的发展历史

1945年，冯·诺依曼撰写了《EDVAC报告书的第一份草案》。这份长达101页的报告，即计算机史上著名的"101页报告"，这是现代计算机科学发展里程碑式的文献。它明确规定用二进制替代十进制运算，并将计算机分成5大组件，这一卓越的思想为电子计算机的逻辑结构设计奠定了基础，成为计算机设计的基本原则。

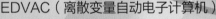

ENIAC（电子数字积分计算机）
是世界上第一台通用（十进制）计算机，由宾夕法尼亚大学的莫奇利和埃克特设计，占地面积相当于半个篮球场的大小。
占地面积：167m²
重量：27吨
运算速度：每秒运算约5000次

EDVAC（离散变量自动电子计算机）
是美国早期的一台电子计算机，由莫奇利和埃克特设计。与它的前任ENIAC不同——EDVAC采用二进制，而且是一台冯·诺依曼结构的计算机。
占地面积：40m²
重量：7.8吨
运算速度：每秒运算约1160次
生产年份：1949年

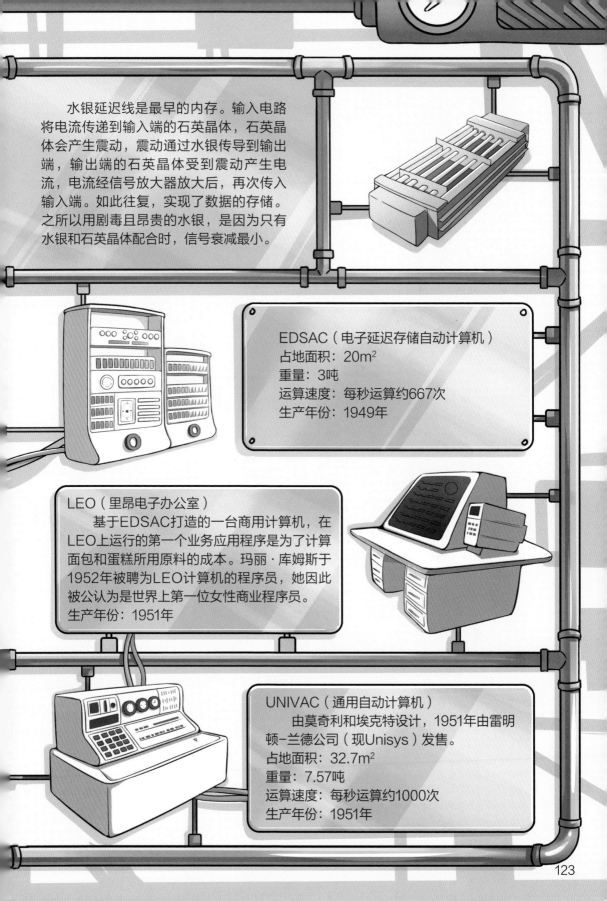

水银延迟线是最早的内存。输入电路将电流传递到输入端的石英晶体，石英晶体会产生震动，震动通过水银传导到输出端，输出端的石英晶体受到震动产生电流，电流经信号放大器放大后，再次传入输入端。如此往复，实现了数据的存储。之所以用剧毒且昂贵的水银，是因为只有水银和石英晶体配合时，信号衰减最小。

EDSAC（电子延迟存储自动计算机）
占地面积：20m²
重量：3吨
运算速度：每秒运算约667次
生产年份：1949年

LEO（里昂电子办公室）
　　基于EDSAC打造的一台商用计算机，在LEO上运行的第一个业务应用程序是为了计算面包和蛋糕所用原料的成本。玛丽·库姆斯于1952年被聘为LEO计算机的程序员，她因此被公认为是世界上第一位女性商业程序员。
生产年份：1951年

UNIVAC（通用自动计算机）
　　由莫奇利和埃克特设计，1951年由雷明顿-兰德公司（现Unisys）发售。
占地面积：32.7m²
重量：7.57吨
运算速度：每秒运算约1000次
生产年份：1951年

后来，Lyons面包店的计算机业务被英国国际计算
机公司ICL收购。

004
理查德 · 汉明
Richard Hamming

计算的目的不在于得到数据，而是洞穿事物。

—— 理查德·汉明

理查德·汉明
(Richard Hamming)

生　日：1915年2月11日
出生地：美国 芝加哥

1942年
获得伊利诺伊大学厄巴纳-
香槟分校数学博士学位，并
成为该校数学讲师。

1945年
加入曼哈顿计划，从事计算
机编程工作。

1946年
加入美国贝尔实验室，
开始与克劳德·香农等
人共事。

通信线路质量能无限改善吗？

外界的干扰能绝对避免吗？

所以啊，想让数据传输不出错，比登天还难。

可通信误码的传统解决途径就是……

不跟你争，看谁先解决问题！

好呀，一起加油哦！

明……明哥！别忘了农哥要的实验数据！

安啦，下周一肯定给他！

克劳德·香农
Claude Shannon
美国著名数学家、信息论创始人

大功告成！

抱歉抱歉，要输入的数据有点多。

话说，这次实验数据量这么大，周一能出结果吗？

放心，计算机周末两天肯定能算出来！

明明，农农，
这里！这里！

怎么这么晚！

等明明"咔咔咔"
打孔、输入数据呗。

知足吧，要不
是计算机替我
"加班"计算，
我能有时间跟
你们喝酒?

你小心计算机报错，周一去了发现白等两天！哈哈哈！

哈哈

我都检查过了，不会有问题的。

那就好！难得一聚，干杯！

怎么知道哪儿出错了呢?

你看,重合的地方颜色变了!

真的呢!

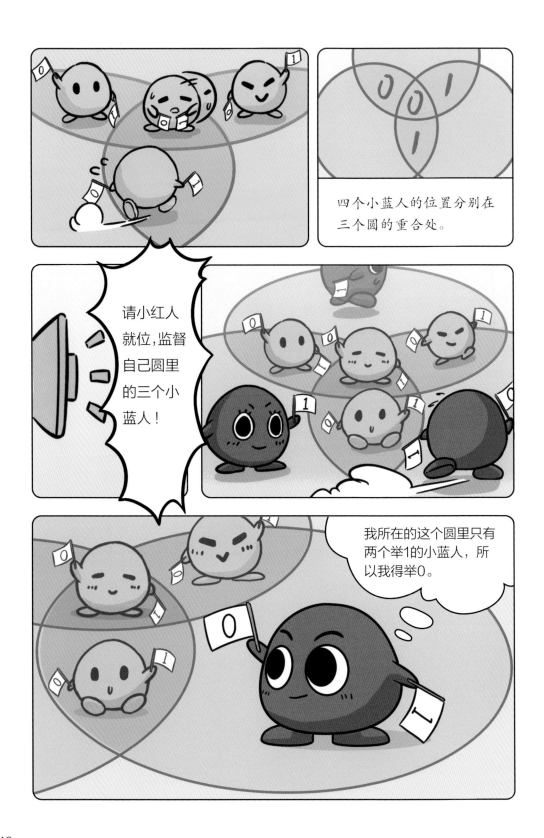

四个小蓝人的位置分别在三个圆的重合处。

请小红人就位，监督自己圆里的三个小蓝人！

我所在的这个圆里只有两个举1的小蓝人，所以我得举0。

以偶校验为例，小红人要确保自己与圆内的三个小蓝人举起的数字和为偶数。

一旦圆内成员举起的数字之和不为偶数，小红人就会报错。

结合三个小红人的信息，可以迅速定位举错牌子的小蓝人，并进行纠正。

明明，你解决了计算机和通信领域的一大难题哦！

149

不过，以后每周五下午你可以来找我交流。

太好了！
谢谢老师！

那我下周五就过来！

老师再见！

唉，现在的年轻人，冒冒失失的。

155

157

以后有以自己名字命名的奖项。

好想像老师一样厉害！

年轻人，不要小看自己。

*此处指时任谷歌副总裁
斯图亚特·费尔德曼。

161

知识拓展
贝尔实验室的成就

图灵奖×5   诺贝尔奖×9

1962年，贝尔实验室和美国国家航空航天局合作，发射了人类首颗有源轨道通信卫星。

1954年，贝尔实验室开发出转化率为 6% 的单晶硅太阳能电池，这是世界上第一个被实际使用的太阳能电池。

1948年，克劳德·香农提出了信息熵的概念，奠定了信息论的基础。信息论是构建数字通信世界的重要基础理论之一。

1969年，威拉德·博伊尔 (Willard Boyle) 和乔治·史密斯 (George Smith) 发明了电荷耦合器件（CCD）传感器。这项发明是当今数码相机的重要成像元件。两人因此在 2009 年获得诺贝尔物理学奖。

$$H(x) = \sum_{x \in N} p(x) l(x)$$

1925年

AT&T成立了贝尔电话实验室公司（1925—1984），后改称为AT&T贝尔实验室（1984—1996）。

1996年

因为AT&T被拆分为多个部分，旗下贝尔实验室被纳入朗讯科技，改名为贝尔创新实验室（1996—2006）。

2016年

阿尔卡特－朗讯公司被诺基亚收购，改名为诺基亚贝尔实验室。

2006年

朗讯与阿尔卡特合并，成立了阿尔卡特－朗讯公司。

1956年，威廉·萧克利（William Shockley）、约翰·巴丁（John Bardeen）和沃尔特·布拉顿（Walter Brattain）因发明了晶体管获得了诺贝尔物理学奖，这是一个足以改变世界的小型半导体器件。

1947年，贝尔实验室提出了移动"蜂窝"网络的技术设想，打开了移动通信的大门。

在贝尔实验室，还诞生了UNIX操作系统、C语言、C++语言。

在汉明的影响下，克尼汉逐渐喜欢上了写书，
他编写的《C程序设计语言》成为学习编程的必读经典，
全球销量超过2000万册。

005
马文·明斯基
Marvin Minsky

如果只用一种方式了解某样事物，你将很难真正
了解它。了解事物真正含义的秘密取决于如何把
它与你所了解的其他事物相联系。

—— 马文·明斯基

马文·明斯基
(Marvin Minsky)

生　日：
1927年8月9日

出生地：
美国 纽约

1950年
获得哈佛大学数学学士学位。

1951年
设计了第一个神经模拟计算器*，目的是学习如何穿过迷宫。

1954年
获得善林斯顿大学数学博士学位，并在冯·诺依曼、诺伯特·维纳和克劳德·香农的推荐下，担任哈佛大学初级研究员。

*全称为随机神经模拟强化计算器（SNARC）。

167

这可是我家神经模拟计算器的神经元！

对不起，我错了，不该这么说你的宝贝。

好吧，原谅你了。

不过，你家神经模拟计算器看着不太聪明啊。

哪儿不聪明？它能自己找到迷宫出口呢！

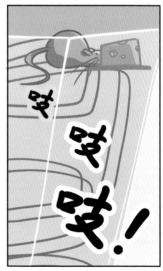

吱吱吱！

我还邀请了香农哦。

什么，农哥也去？！

叮！

一定去，我就喜欢天热！

对了，帮忙给这个项目写个提案，摇旗呐喊一下呗？

没空……

农哥也……

没问题。

号外！
号外！

达特茅斯会议……

老师，我们去吗？

嗯，去会会各路高手。

Herbert Simon
司马贺

Allen Newell
艾伦·纽厄尔

计算机科研大佬齐聚达特茅斯"华山论剑"！

175

就是书名不那么
让人兴奋，对吧？

嘿嘿！

实不相瞒，书名是
你农哥起的。

呃……

我该如何打破这
尴尬的局面啊？！

才刚开始，气氛大可不必如此热烈。

咳咳！

明斯基，你有什么好的想法吗？

我认为，可以搭建人工神经网络。

就像我的神经模拟计算器。

对它早有耳闻，能讲讲吗？

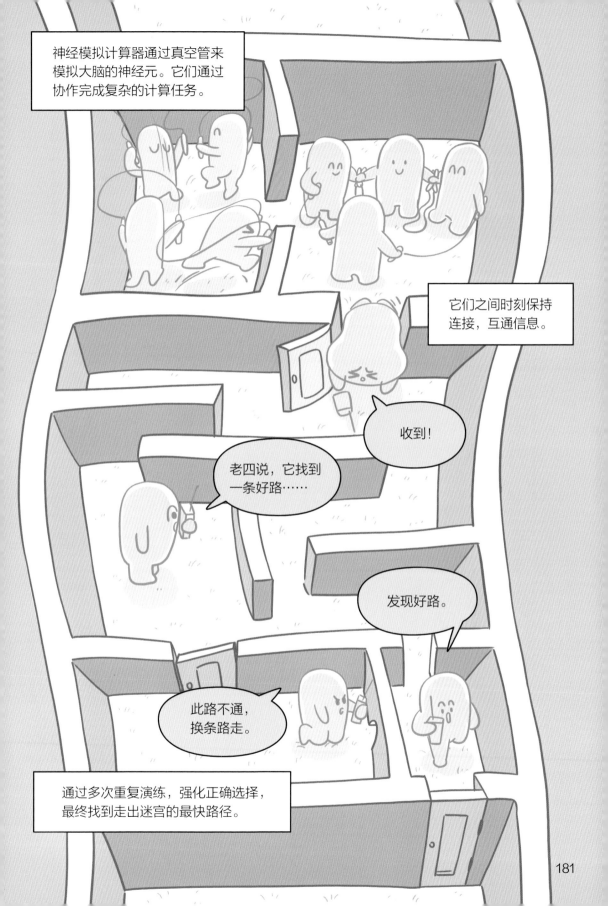

这就是神经模拟计算器穿越迷宫的小秘密。

棒棒的！

嘻，比人的智能差远了。

那倒是，它没法制订计划。

也没有在头脑中设想事物的能力。

不一定非得模拟结构吧？关键在"信息处理"。

插播一则小广告——我们也有成果哦！

我们带来的是——

抱歉，打断一下。

现在有件更重要的事！

啥？

开创新纪元！

麦麦，少喊口号，有事说事……

哦。

就是……咱们干脆搞个新学科！

是把计算机实现智能确立为一个研究领域吗？

嗯，鼓励更多人参与进来！

还能获得更多来自政府和学术界的支持哦。

那么问题来了，新学科叫什么好呢？

我我我！我来起名字！

……

哈哈，大家一起想……

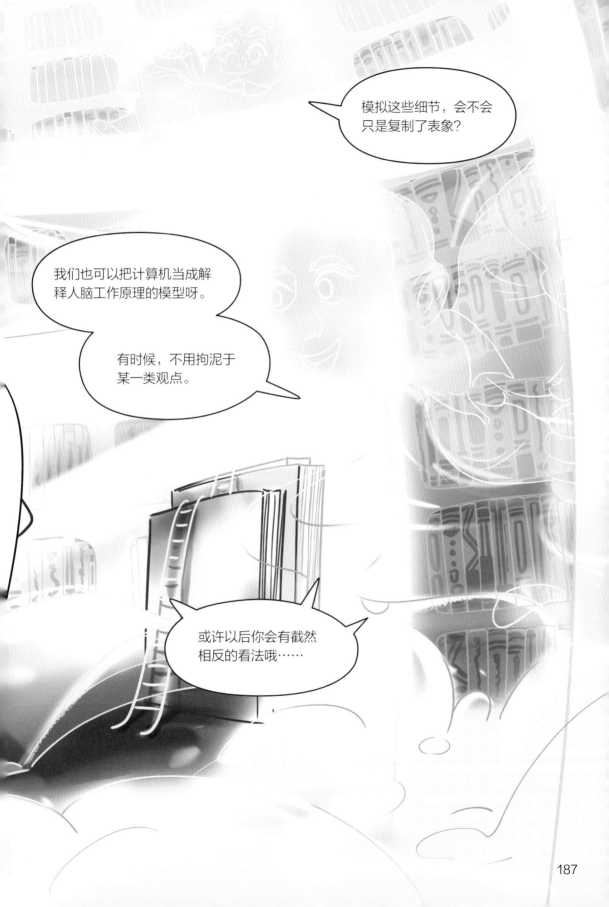

模拟这些细节，会不会只是复制了表象？

我们也可以把计算机当成解释人脑工作原理的模型呀。

有时候，不用拘泥于某一类观点。

或许以后你会有截然相反的看法哦……

太精彩了！

抱歉，我在"图书馆"里聊入迷了。

哈哈！在这里。

图书馆？在哪儿？

各专业领域的天才会在我的脑海中讨论问题哦。

这种学习方式太酷了！

189

两年后，麻省理工学院。

MIT AI Lab

明斯基？！

麦麦！

你终于过来工作啦！

哈哈，是啊！

哎，这实验室不错！要不……

我们也搞一个，专门研究人工智能！

191

《感知器》①

《计算：有限和无限机器》②

《迈向人工智能》③

1969年，马文·明斯基因在人工智能领域的杰出贡献，被授予图灵奖。

① *Perceptrons*，后文称作《感知器》。
② *Computation:Finite and Infinite Machines*，后文称作《计算：有限和无限机器》。
③ *Steps Toward Artificial Intelligence*，后文称作《迈向人工智能》。

高柯机小课堂

开启人工智能的三本著作是什么

《迈向人工智能》阐述了让计算机解决复杂问题的步骤。

《计算：有限和无限机器》为大家解释了计算机能做什么，不能做什么。

《感知器》论述了人工智能领域红极一时的神经网络存在的局限性。

感谢小帕和我一起完成《感知器》这本书。

西摩尔·帕普特
Seymour Papert
儿童编程专家
LOGO 语言发明者

凛冬已至啊……

没办法，以后再写个扩展版解释清楚吧。

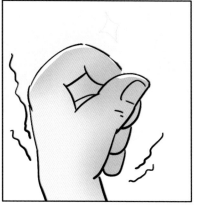

对了，跟你说件开心事儿。

又有孩子用 LOGO 语言设计出程序啦？

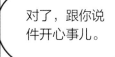

知我者，明斯基也！你呢，有什么新计划？

我打算给大家讲讲怎么表示知识……

再说说信息在大脑中如何表示、存储、检索和使用。

框架理论

K 线理论

哈哈！跟我的机械手差不多有趣哦……

听起来就很有趣啊！

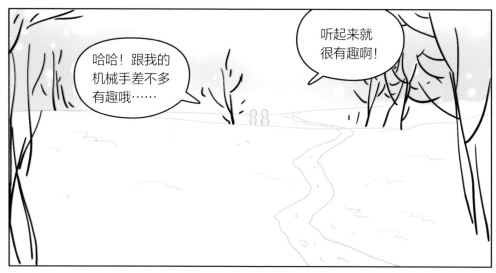

又有人为我们开发的儿童编程教育方法点赞啦！

呀，机械手又失败了！

啪嗒！

总有一天，外科医生能使用它远程完成手术……

其实，我还有一个跟汉明哥一样的小目标……

2018年，国际人工智能联合会议（IJCAI）设立了以马文·明斯基名字命名的奖项，用来表彰人工智能领域的重要成果。

打败李世石的 AlphaGo 团队因路径搜索问题研究，成为该奖项的第一位获得者。

1968年，马文·明斯基在麻省理工学院发明了"明斯基触手机械臂"。这种机械臂具有多个灵活关节，通过计算机或操纵杆进行控制，初期主要用于医学，能够轻松举起一个人，并且动作轻缓，不会给人带来伤害。

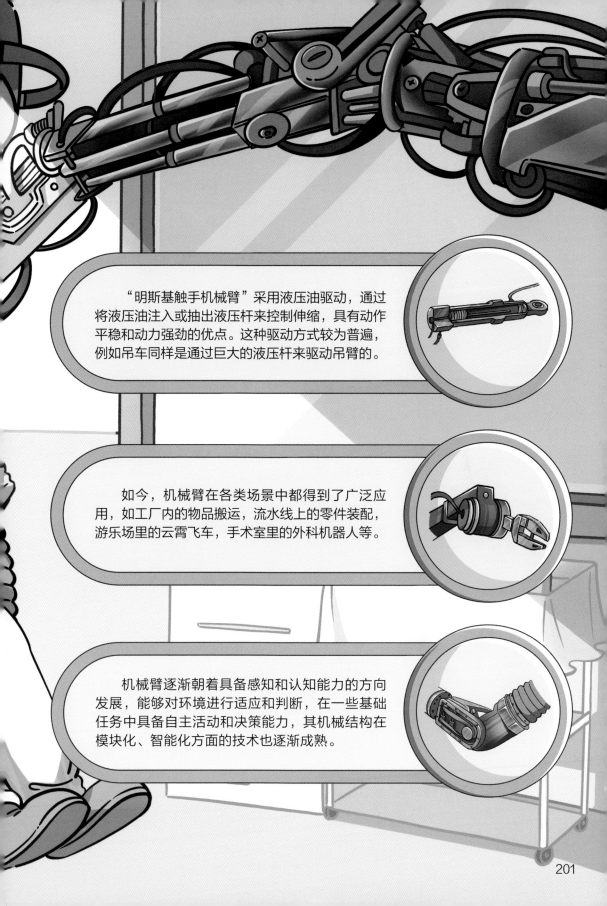

"明斯基触手机械臂"采用液压油驱动，通过将液压油注入或抽出液压杆来控制伸缩，具有动作平稳和动力强劲的优点。这种驱动方式较为普遍，例如吊车同样是通过巨大的液压杆来驱动吊臂的。

如今，机械臂在各类场景中都得到了广泛应用，如工厂内的物品搬运，流水线上的零件装配，游乐场里的云霄飞车，手术室里的外科机器人等。

机械臂逐渐朝着具备感知和认知能力的方向发展，能够对环境进行适应和判断，在一些基础任务中具备自主活动和决策能力，其机械结构在模块化、智能化方面的技术也逐渐成熟。

拉吉·瑞迪

1994 年图灵奖获得者之一

芭芭拉·利斯科夫

2008 年图灵奖获得者

约翰·麦卡锡

1971 年图灵奖获得者

马文·明斯基

1969 年图灵奖获得者

伊万·萨瑟兰

1988 年图灵奖获得者

曼纽尔·布鲁姆

1995 年图灵奖获得者

伦纳德·阿德曼

2002 年图灵奖获得者之一

莎菲·戈德瓦塞尔

2012 年图灵奖获得者之一

希尔维奥·米卡利

2012 年图灵奖获得者之一

马文·明斯基一生培养了很多计算机领域的人才，
他的学生及学生的学生中有多人获得图灵奖。
而他的好友约翰·麦卡锡也培养了两名图灵奖获得者。

006
詹姆斯·威尔金森
James Wilkinson

计算机学中的一切都是新的。这既是它的吸引力，也是它的弱点。

——詹姆斯·威尔金森

詹姆斯·威尔金森
(James Wilkinson)

生　日：
1919年9月27日

出生地：
英国　斯特鲁德

1939年

从英国的数学圣地
——剑桥大学三一学院
以班级最好的成绩毕业。

1940年

在英国政府供应部
从事一些与军事相关的研究。

1946年5月

进入英国国家物理实验室（NPL），
成为艾伦·图灵的助手。此时，
图灵正在研发当时世界上最快的
计算机——自动计算引擎（ACE），
但是项目遇到了困难……

图灵哥，你就看一眼嘛！

英国国家物理实验室

我熬了好几宿，才做出这个方案的……

我先自己研究。

ACE计算……

你拿它当个参考呗？

不。研究问题，我习惯从零开始。

啊——我快疯了！

你们说，图灵哥怎么这样嘛！

你觉得他难相处，是因为你还不了解他。

了解后，你会觉得他极其难相处，哈哈！

了解后呢？

哈哈！半途而废可不像你的风格。

谢谢你们的安慰。

我还是回剑桥大学研究数学吧……

我刚看了你的方案。

嗯……很好。

我有一些新想法。

这里，你可以写一组子程序……

来提高运算能力吗？

是的，我希望 ACE 计算机越快越好。

可很多人认为，提高速度主要靠硬件。

很不明智的方式。

威尔银……

威尔金森。

好的。再看这里……

试试让连续的指令"排队"出现。

这个想法绝了，我怎么没想到呢！

很正常。每个人都有自己的想法。

好了，就这些了。

那个……图灵哥……

嗯？

你不是不愿意看我的方案吗？

我、我只是……不想立刻看。

为什么啊？

那样会影响我创新。

哦！所以我们才会碰撞出这么多新火花！

前提是你有足够的智慧。

哈啊——

都这么晚了……

谢谢。

咕嘟咕嘟！

图灵哥!

威尔金森……

嘿嘿,你先说!

你……衣服破了……

哈哈,你是说这个吗?

嗯。我看你衣服上经常有补丁,为什么不换新的?

小时候,我曾经梦想过有很多新衣服。

后来,我发现我已经拥有了世界上最好的衣服……

你做到了。

这算不算对我的认可？

为什么要在意别人的看法呢？

你认可自己才是最重要的。

那不一样！你在我心里可是超越时代的天才。

天才吗……或许我只是不想那么愚蠢……

图灵哥……

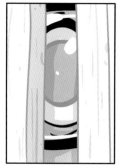

嘘！里面吵起来了！

恕我直言，你的设计简直是异想天开。

所以，这就是你们造不出 ACE 的理由？

我劝你降低目标，做个好实现的机器！

真希望你多点想象力……

不可理喻！

至少不会为那种低端计算机浪费我的时间。

好了好了，大家求同存异，慢慢沟通嘛……

以后常联系啊！

图灵！你能别再升级版本了吗？！

第八版规模太庞大，没法设计电子线路！

如果你们更专业一些，我们的交谈也许会更有意义。

先回去学习学习吧。

消消气

图灵！你就是个偏执狂！

就是，怪人一个！

抱歉抱歉，以后多交流！

我本来就对造计算机没兴趣，还遇上这么个人！

别生气了，威哥不是替他给您道歉了吗……

在这里，我真的能造出梦想中的计算机吗？

图灵哥，你没事吧……

没事。

小威，下班后我们去跑步吧。

好呀……

这么突然吗？

坚持一下，
快到山顶了。

好……
呼呼……

图灵哥，你看！好美呀！

喂！我们一定会造出最棒的计算机！

啊啊啊啊啊

你今天好像有点不一样……

威威！我听说图灵去曼彻斯特了！

要不你转到我们组，专心做数值分析吧？

连图灵都放弃了，ACE 项目估计快黄了。

不会的。这个项目不会失败。

因为我还在。

你没发烧吧？咋这么想不开呢？

226

请

我们组的难题是急需造出 ACE，防止项目被砍。

我们组的难题是造不出 ACE……

你看，第八版需要 200 根水银管，怎么弄？

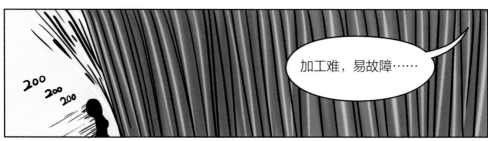

200
200
200

加工难，易故障……

要不先造一台简化版试验机？等成功了……

就可以慢慢实现图灵哥的全部设想了！

嘿嘿嘿嘿！

还是回退到第五版吧……

整个机器的设计目标降到这样，如何？

水银管可以减少到10根……

完美！

小威威，怎么还不回剑桥呀？

快了快了……

大功告成！

Pilot-ACE（昵称小艾斯）
最早期的通用电子计算机，
也是当时全世界运行速度最快的计算机！

1950年11月NPL开放日

Pilot-ACE
计算机

说出一个日期，小艾斯就能算出这天是星期几！

任意日期吗？

当然。只要在 0—9999 年就行！

那就……今年的 5 月 10 日！

星期三！

神了！我记得那天就是星期三！

1805 年 10 月 21 日！

星期一！

1865 年 6 月 3 日！

星期六！

运行速度无敌，表现也很稳定！

小艾斯和威尔克斯教授的 EDSAC 堪称"绝代双雄"！

咱英国计算机技术的世界地位稳了！

呼——
总算完美收官了！

怎么样，大功臣，
有何感想啊？

以前我只想让别人
相信 ACE 项目有
潜力，应该继续。

那现在呢？

现在啊，我想用它做出
更有价值的事……

威尔金森将小艾斯带回
了数学部，用它来做日
常工作。

在小艾斯上解决
问题时，他突破
性地使用一种方
法，确定了计算
的误差范围。

之后，他明确认识到
这是一种通用工具，
并称之为"向后误差
分析法"。

233

高柯机小课堂

计算机也会产生误差吗

计算机这么精密，为什么会产生误差呢？

这是因为在运算过程中，需要将所有数字都放到固定大小的格子里。在数学世界里，有很多很长很长的小数。

比如π！

π=3.141592653589
79323846264333
83279……

数字太长，格子装不下啦！

没办法，只能舍弃末尾的一些小数。

看，误差就这样产生了。

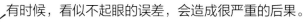
有时候，看似不起眼的误差，会造成很严重的后果。

反导弹系统每工作一个小时就会有微小的延迟，怎么办呢？

放心吧！就那么点小误差，怕什么？

1991 年，美军部署在沙特的"爱国者"导弹防御系统由于没有及时发现来袭的导弹，营地被炸。

这次事故的原因，正是随着时间的推移，被逐渐放大的"小误差"。

可是，有些误差无法避免呀……

但我们可以避免误差产生难以承受的后果。

例如，用更大的"格子"来存放更长的数字，或使用更优秀的计算方法。

那要怎么知道多大的"格子"才够用，算法是否足够优秀呢？

我的"向后误差分析法"能很好地给出答案哦！

识别成功，已打卡！

打卡机代表了一种映射关系，能将我的脸映射到机器识别的像素图像。

因为疫情，我戴了口罩，打卡机里对应的像素图像随之发生变化。

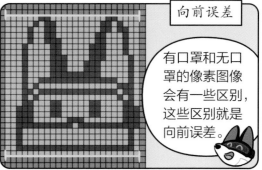

向前误差

有口罩和无口罩的像素图像会有一些区别，这些区别就是向前误差。

无法识别

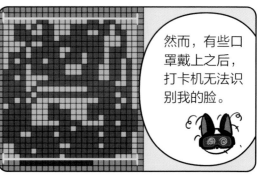

然而，有些口罩戴上之后，打卡机无法识别我的脸。

戴口罩的像素图像与无口罩的像素图像差别小于 5%，我才能识别！

那戴哪些口罩能产生与无口罩时更接近的像素图像，通过打卡机的识别呢？

也就是判断戴哪些口罩，能将两者的像素图像误差控制在 5% 的范围内。

这个控制误差范围的过程，就类似于"向后误差分析"哦！

向后误差分析

图灵哥，还记得这里吗？

我们聊 ACE 设计，聊误差分析，聊那些珍贵的记忆……

图灵哥，敬你。

1970年，詹姆斯·威尔金森因制造 ACE 计算机、提出向后误差分析法等贡献，获得图灵奖。

二战时期，艾伦·图灵在布莱切利发明了密码破译机，带领8号屋的同事破译了诸多德军密码。高峰时期，布莱切利每月能够破译8万多条通信情报，其中最著名的是U型潜艇密码，帮助盟军船只有效躲避了德军潜艇袭击。1943年圣诞节，凭借破译的讯息，英国击沉了德军战列巡洋舰"沙恩霍斯特号"，而图灵却默默地搬到了距离布莱切利几英里的汉斯洛普庄园，继续语音加密项目的研究。

汉斯洛普普庄园 　　布莱切利庄园

1936年9月，艾伦·图灵应邀来到普林斯顿大学，成为冯·诺依曼的研究助理，进行计算机理论方面的研究。

1945年，33岁的图灵来到英国国家物理实验室（NPL），他希望能在这里制造一台世界上运算最快的计算机，并将其取名为自动计算引擎（ACE）。

ACE初期的技术设计灵感源自图灵在普林斯顿大学的理论工作和二战期间的工程经验。图灵在1945年年底完成了ACE的逻辑电路设计图，他建议使用高速和大容量存储器件。ACE使用了微型计算指令，这是程序语言的一种早期形式。

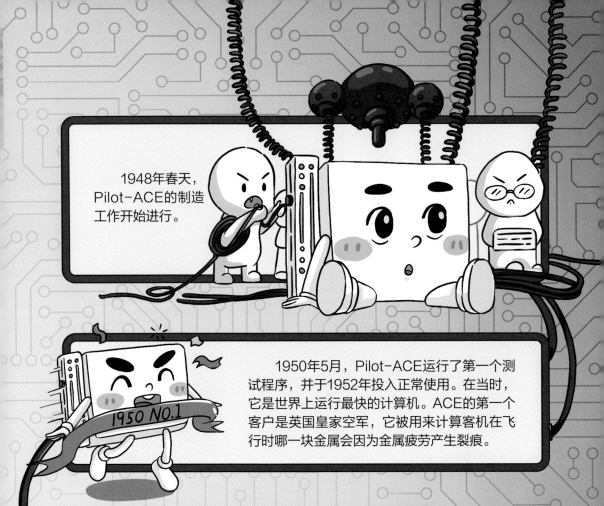

1948年春天，Pilot-ACE的制造工作开始进行。

1950年5月，Pilot-ACE运行了第一个测试程序，并于1952年投入正常使用。在当时，它是世界上运行最快的计算机。ACE的第一个客户是英国皇家空军，它被用来计算客机在飞行时哪一块金属会因为金属疲劳产生裂痕。

Pilot-ACE使用了10条延迟线，拥有相当于1KB的内存容量，最大传输速度为每秒16 000次。它可以进行算术或者一些逻辑运算，例如在小于400万的任何整数里找出最小质因数*，整个运算过程涉及多达1 000个除法，不到7秒便可完成。

Pilot-ACE是最早的通用电子计算机之一，被称为"巨型大脑"。在图灵离开NPL后，詹姆斯·威尔金森接手并继续了ACE项目，建造出ACE的简化版本，它是英国制造的首批计算机之一，促生了我们所使用的现代计算机。

*将一个数字看作一些数字（不含1）的乘积，并且这些数字不能由其他（与自身不相等）数字相乘得来。例如，在30＝2×3×5中，2、3、5就是30的质因数，2就是30的最小质因数。

詹姆斯·威尔金森在11岁时就赢得了位于罗切斯特的约瑟夫·威廉姆森爵士数学学校的基金会奖学金。

007

约翰·麦卡锡
John McCarthy

为了让计算机通过编程从人和其他机器那里获得
信息和合作，我们必须让它将知识、信念、欲望
与其相关联。

—— 约翰·麦卡锡

约翰·麦卡锡
(John McCarthy)

生　日：
1927年9月4日

出生地：
美国　波士顿

1951年

获得普林斯顿大学数学博士学位。

1951—1953年

担任普林斯顿大学数学讲师。

1953—1955年

成为斯坦福大学数学助理教授。

1955—1958年

在达特茅斯学院任教。

呼——

大马，跳！

麦宝在玩什么呀？

爸爸，我在下棋呢！

麦宝真棒，都会下棋啦！

嘻嘻！

爸爸，别玩木头了，陪我玩嘛！

好好好！

麦宝你看，这是什么？

哇，好漂亮的象棋呀！

谢谢爸爸！爸爸最好了！

来吧麦宝，我们一起下棋。

哎呀，麦宝输咯！

对弈一局后……

我以后要造一台会下棋的机器，打败爸爸！

哈哈哈！那爸爸等着你……

普林斯顿大学

自动机……
机器智能……
人类智能……

嘿，麦麦！麦麦？

啊！

想什么呢？
该你走啦！

在想老冯让我写的"机器智能"论文呢……

这都琢磨几年了，你可真有耐心！

必须的！要么不做，要做就做到最好！

完美主义

247

你说老冯退休前能看到你这篇大作吗？

能……

吧？

聊什么呢？

聊麦麦的论……

没什么，就聊下棋呢。嘿、嘿嘿！

唔！

说起来，你研究计算机下棋也有段时日了……

看样子，之前答应写的论文也该完成了吧？

没有感情的催稿机器

哎呀，别急嘛，慢工出细活儿……

而且，我有了一个宏伟的计划哦——

接触更多计算机技术，成为机器智能领域的弄潮儿！

好的，弄潮儿。你还可以想出更多课题方向……

然后慢慢研究，急死更多人！

哈哈哈！

老冯，你家麦麦又来信了！

对自动机模拟人类智能又有了新想法，想请老师指点……

这孩子行，能处！有问题真下功夫研究！

你那得意门生也不赖，都当上达特茅斯学院的系主任了。

哈哈哈！他呀，主要是踏实、稳重！

老师！江湖救急呀！

老师！

你不好好在达特茅斯学院工作，跑回来干吗！

今年学院一下子退休了4个教授……

约翰·克门尼
John Kemeny
BASIC语言共同发明者
时任达特茅斯学院数学系主任

所以呢？

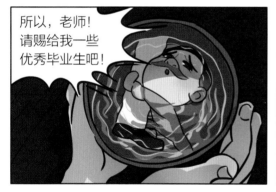

所以，老师！请赐给我一些优秀毕业生吧！

我要求不高，只要学术精湛，善于创新，精益求精……

你给我适可而止！

拿去！压箱底的人才储备都在这儿了！

嘿嘿，
谢谢老师！

约翰·麦卡锡

达特茅斯学院

借过!

借过!

哎呦喂!

抱歉，主任!

没……没事儿!
暑假快乐啊麦老师!

253

IBM信息研究部门

嗨，老罗！

麦麦！

纳撒尼尔·罗切斯特
Nathaniel Rochester
IBM 701总设计师

可把你盼来了，坐坐坐！

你也对这个感兴趣啊？

我最近在研究机器智能，想跟你聊聊。

嗯。像人一样有智慧的机器……想想都兴奋！

咱们干脆搞一次活动，把它造出来吧！

好主意！

那就明年举办个夏季研讨会，地点定在……

达特茅斯学院。

我这个东道主，一定把活动办得漂漂亮亮！

现在，当务之急是给活动命名。

好！

小事一桩，随便取个名就行。

这可不是小事，我有过惨痛的教训……

看来是得好好取名……

要让人一看就知道讨论的是什么并且感兴趣。

哦对，千万别在名字里提"自动机"！

你直接报我身份证得了。

智能行为？
机器智能？
计算机如何模拟人的智能？

太宽泛！
太普通！
太拖沓！

哎，有了！

就叫"人工智能夏季研讨会"，如何？

这个好，绝对能一炮打响！

活动名搞定，下一步规划什么呢……

数小钱钱

这啥意思呀？

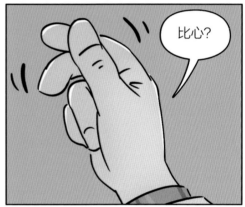

比心？

哎呀，我是说活动经费！

这个就拜托你啦！

我感觉你在为难我麦小锡。

嘿嘿嘿，能者多劳嘛！

261

香农哥，我们一起组织一场会议吧！

关于什么？

关于机器智能。

主题很不错，可我实在是分身乏术呀！

明斯基也参加哦，他一定很期待和你在会上讨论。

这样啊……

那行，算我一个！

YES！

嗒！

喂！小明……

……

达特茅斯学院

我不接受!

用项目提案里的说法当学科名,也太草率了吧?

哪里草率?

"人工智能"的全称和简称都堪称完美!

人工智能
Artificial Intelligence
简称 AI

AI 好听! AI 好记!
AI 朗朗上口!
AI 引人瞩目!

同意……我现在就满脑子都是"AI"了!

AI

大家都没意见，那新学科就叫"人工智能"啦！

咚！

我有意见，但我说不过麦麦……

咱不争这个，炫个技就走。

嗯嗯！

聊聊你们带来的成果呗！

热烈讨论

麦麦，你觉得人工智能哪些方向最值得研究呢？

计算机语言、计算机下棋。

为什么？

你看，我们人的智能行为离不开语言吧？

嗯嗯！

下棋是典型的人类高级和复杂的智能活动。

所以，把这俩搞明白了，人工智能估计就实现了。

可惜，革命尚未成功，同志还需努力。

嗯。

麦麦，要不要聊会儿我新写的下棋程序？

你们先聊，我去那边看看。

这个程序会搜索后面几回合双方的所有下法哦。

要考虑这么多棋步，计算量太大了。

要减也只能减去不必要的搜索！

要不，每次少搜索点？

你见过谁修剪树木把主枝给剪了的吗？

喏……

咔嚓！

什么？模拟人的思维活动？！

没错，逻辑理论家能像人一样证明数学定理！

它已经证明出这里面的38个定理了。

数学原理

这是目前唯一可用的复杂信息处理程序哦。

纠正称谓

是"人工智能"程序……

这算是人工智能第一个真正的成果吧！

用计算机探讨人类智能活动的尝试总算看到曙光了！

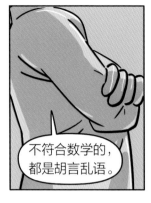

不符合数学的，
都是胡言乱语。

实用的编程语言应该
使用代数表达式！

就像 FORTRAN*
那样吗？

要不，大家
讨论讨论？

我们不为争辩，
只为炫技。

诸位，江湖再会！

拜拜！

一拳打在棉花上……
好气哦！

IPL成果展示

哎？有点意思……

*FORTRAN由1977年图灵奖获得者约翰·巴克斯（John Backus）开发，
是世界上第一套高级程序设计语言，数值计算功能强大。

1958 年

今年生源不错，教授也增加了一批。

这要感谢你组织的会议，让学院的知名度上了一个新台阶！

哈哈！达特茅斯学院可算是人丁兴旺起来了！

丁零零！

喂？

麦麦，快来麻省理工，一起研究人工智能！

怎、怎么了？

嘿嘿！主任……

这里现在不缺人了，我想……

去麻省理工找明斯基！

麻省理工学院

啊！受不了了！

怎么了，麦麦？

我想用 FORTRAN 写一个应用程序，结果……

臣妾做不到啊！

FORTRAN

哈哈哈！

之前用 FORTRAN 编写下棋程序时，就发现它的设计有问题。

那怎么办？

能怎么办？想办法优化呗！

总不能半途而废吧？

我是一个修补匠，修呀修补匠……

还在优化 FORTRAN 呀？

是啊……哎？这里要加个功能！

但这样做好像太复杂了……

你还真是对 FORTRAN 情有独钟。

解决人工智能的一些问题时，符号和列表确实更好用。

怎么，想通了，决定改弦易张啦？

嘻！我是想把这个也融进 FORTRAN 里。

我是一个修补匠，修呀修补匠……

小明，我要创造出一门完美的新语言！

哎呦，今天的太阳打西边出来了？

麦麦不做 FORTRAN 修补匠了！

没办法。

袜子上破个洞好补。

可要在洞上补个袜子，那还不如重做一双。

跟我说说，新语言长什么样啊？

它叫 LISP，像FORTRAN那样使用代数表达式，又拥有和 IPL 类似的符号列表处理能力……

高柯机小课堂

人工智能"母语"LISP有多优秀

快来帮忙搬 LISP 代码！

天哪！这么多括号！

广泛使用括号可是 LISP 的一大特点呢！

这种全是括号的语言能有什么用？

可别小瞧它！LISP 被认为是最早的人工智能编程语言之一哦。

后来的很多主流编程语言都受到了它的影响。

比如，LISP 中的拉姆达（Lambda）表达式，被各大语言争相借鉴……

2007 年

拉姆达

你落后啦！我已经学会"拉姆达"了，哈哈哈！

哼！等着瞧！

2014 年

你看，我也学会"拉姆达"了！

不行！我得再从 LISP 那儿学点好东西……

275

知识拓展
达特茅斯会议

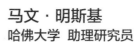

马文·明斯基
哈佛大学 助理研究员

明斯基发明了一台模拟神经网络学习的机器，他在普林斯顿大学读数学博士学位时的博士毕业论文题目是《神经网络和大脑模型问题》*，其中提出了世界上第一个随机连接的神经元网络模型。

1956年夏天，在美国新罕布什尔州汉诺威镇的达特茅斯学院，召开了为期两个月的人工智能研究会议，这就是著名的"达特茅斯会议"。

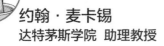

约翰·麦卡锡
达特茅斯学院 助理教授

约翰·麦卡锡1949年在普林斯顿大学数学系做博士论文时，首次尝试在机器上模拟人的智能。1955年，他联合克劳德·香农、马文·明斯基和纳撒尼尔·罗切斯特，发起了达特茅斯项目，洛克菲勒基金会为这次会议提供了一些资助。

部分演讲者会议发言主题

克劳德·香农

阐述了信息论概念在计算机和大脑模型中如何应用，以及提出了使用计算机模拟人类大脑来解决复杂问题的思想。

马文·明斯基

提出了通过不断试错来训练机器，当机器做出正确的选择时，给予机器奖励，逐渐使机器学会其中的高层次规则。

约翰·麦卡锡

阐述了如何让计算机理解人类自然语言的一种可能性。

*Neural Nets and the Brain Model Problem。

纳撒尼尔·罗切斯特
IBM公司 信息研究部经理

纳撒尼尔·罗切斯特是世界上第一台大规模生产的科学用计算机IBM 701的首席设计师，他编写了世界上第一个汇编程序，允许用简短、可读的命令而不是纯数字或打孔代码来编写程序。IBM 701是IBM 700/7000系列中的第一台计算机，该系列引领着IBM在大型机计算机市场的主导地位直到21世纪。罗切斯特参与了多个IBM的人工智能项目，包括阿瑟·塞缪尔的跳棋程序、赫伯特·格勒恩特尔的几何定理证明程序和亚历克斯·伯恩斯坦的国际象棋程序；1958年，他成为麻省理工学院的客座教授，协助麦卡锡开发LISP编程语言。

克劳德·香农
贝尔实验室 研究员

香农发明了信息论，将命题演算应用于开关电路，设计具有学习能力的机器。

达特茅斯会议的意义

1956年的达特茅斯会议是计算机科学发展的里程碑，通常被视为人工智能作为研究学科的起点。在这次历史性会议上，"人工智能"这一概念被首次提出，来自不同领域的顶级研究人员聚集在一起，对人工智能中的相关问题进行了开放式讨论。这次讨论虽然没有从实质上解决有关智能机的具体问题，但它明确了人工智能的研究目标，催生出后续长达数十年的人工智能研究。

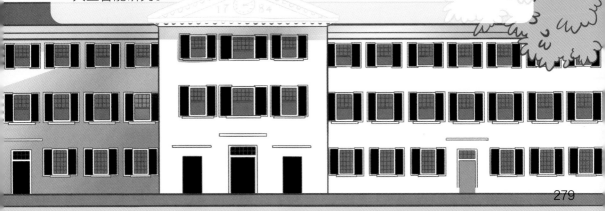

2006年7月，达特茅斯会议参会者中的5位在达特茅斯学院重聚，留下一张珍贵的合影。

008

附录A
Appendix

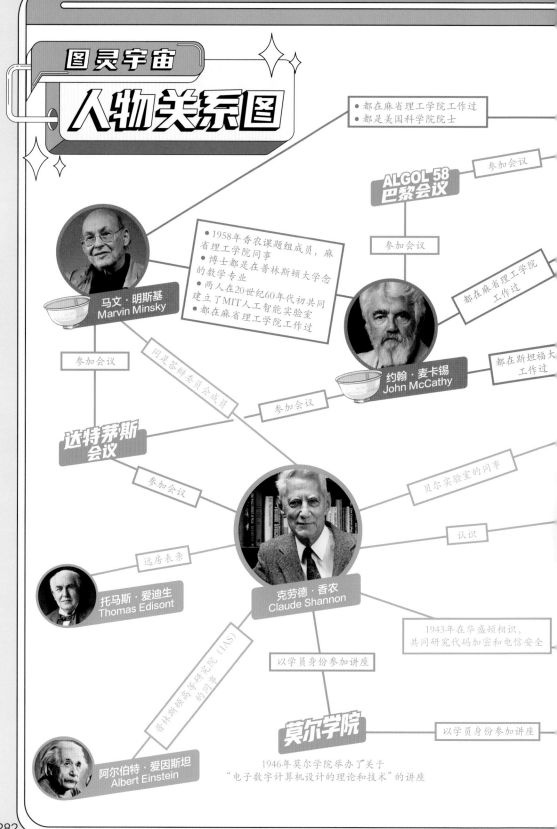

图灵宇宙

人物关系图

- 都在麻省理工学院工作过
- 都是美国科学院院士

ALGOL 58
巴黎会议

参加会议

参加会议

- 1958年香农课题组成员，麻省理工学院同事
- 博士都是在普林斯顿大学念的数学专业
- 两人在20世纪60年代初共同建立了MIT人工智能实验室
- 都在麻省理工学院工作过

都在麻省理工学院工作过

马文·明斯基
Marvin Minsky

约翰·麦卡锡
John McCathy

参加会议

同是答辩委员会成员

参加会议

都在斯坦福大学工作过

达特茅斯
会议

参加会议

贝尔实验室的同事

认识

远房表亲

托马斯·爱迪生
Thomas Edisont

克劳德·香农
Claude Shannon

1943年在华盛顿相识，共同研究代码加密和电信安全

普林斯顿高等研究院（IAS）的同事

以学员身份参加讲座

莫尔学院

以学员身份参加讲座

阿尔伯特·爱因斯坦
Albert Einstein

1946年莫尔学院举办了关于
"电子数字计算机设计的理论和技术"的讲座

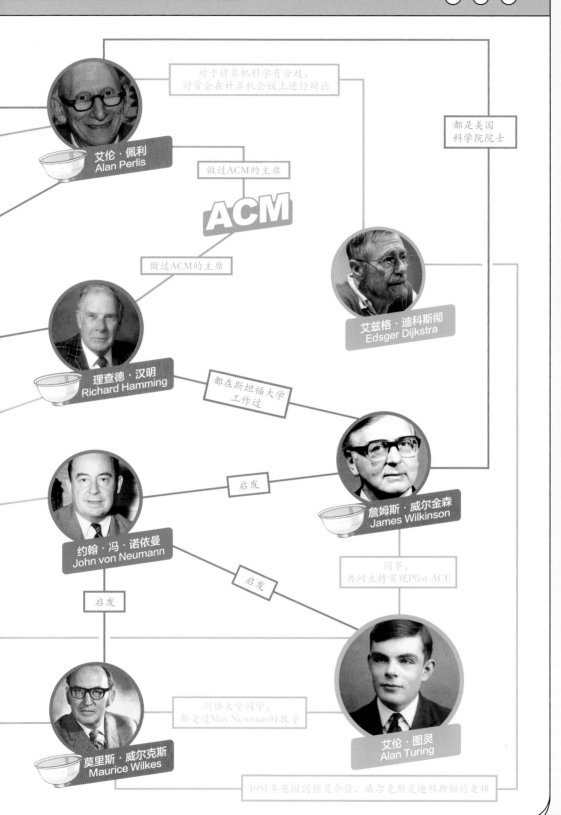

艾伦·佩利
Alan Perlis

对于计算机科学有分歧，
时常会在计算机会议上进行辩论

做过ACM的主席

ACM

都是美国
科学院院士

做过ACM的主席

艾兹格·迪科斯彻
Edsger Dijkstra

理查德·汉明
Richard Hamming

都在斯坦福大学
工作过

启发

詹姆斯·威尔金森
James Wilkinson

约翰·冯·诺依曼
John von Neumann

启发

同事，
共同主持实现Pilot ACE

启发

莫里斯·威尔克斯
Maurice Wilkes

剑桥大学同学，
都受过Max Newman的教导

艾伦·图灵
Alan Turing

1951年英国剑桥夏令营，威尔克斯是迪科斯彻的老师

作 者

张 立 波
（中国科学院软件研究所 副研究员 / 硕士生导师）

武 延 军
（中国科学院软件研究所 研究员 / 博士生导师）

赵　琛
（中国科学院软件研究所 研究员 / 博士生导师）

指 导 专 家

罗 铁 坚
（中国科学院大学计算机学院 教授 / 博士生导师）

制作组成员

统筹/策划：张立波
绘　　　画：张廷 郑颖芝
绘画助理：宗子晴
文案/编剧：滕瑶瑶 赵书航 张立波
美术设计：曹慧颖
审核/校对：张雪
文献编委：杨林 李莹烛